Les diviseurs et les multiples

Zid mohamed

Pour les primaires et secondaires

ISBN-13: 978-1539433385

ISBN-10: 1539433382

Zid MOHAMED

Les diviseurs et les multiples

Editions Huda

Dédicace

Je dédie mon modeste manuscrit à tous les savants et chercheurs qui n'ont pas lésiné sur les moyens. Ils se sont **donnés** à fond en se sacrifiant au dépend de leur santé, pour nous présenter toujours le nouveau au sujet des théories, des théorèmes, des applications dans ce domaine très vaste et passionnant qui est les mathématiques.

Tous mes respects, à nos maitres et professeurs dans tous les paliers scolaires, ainsi que mes vifs encouragements à tous les étudiants et étudiantes, et les fervents passionnés des sciences exactes, et les mathématiques en particulier.

.

1 Préface

Si la construction d'un gigantesque édifice repose sur une très solide fondation, toutes les sciences sans exception, repose sur les sciences mathématiques à grande échelle.

Etudiant en mathématiques en classes des lycées, et professeur en technologie, j'étais passionné des mathématiques depuis mon jeune âge et je le resterai.

Jadis, Mon refuge et ma distraction a été toujours la recherche coute que coute des solutions des exercices de mathématiques, et vous ne pouvez imaginez la grande joie qui me submerge en ces moments, et ça été toujours pour moi un défi.

Nul doute que la volonté et l'abnégation dans la recherche des solutions des problèmes de mathématiques conduira inéluctablement au renforcement du mental de la personne, et par la même, il développera une grande personnalité et un état d'esprit à toutes épreuves.

Toute ma propre expérience dans ce domaine, je l'ai inculqué à mes élèves, dieu merci, ils l'on fortement exploité, et pour leur études, et leurs avenir.

Mon conseil le plus fort, c'est de chasser définitivement de l'esprit des enfants et des parents les fausses idées, comme quoi, les sciences mathématiques sont complexes et harassantes, loi de là, au contraire, c'est au fur et à mesure, que l'enfant s'applique à résoudre individuellement ses exercices, qu'il va prendre gout et ne relâchera jamais, ça je le vous promet et j'en reste totalement convaincu.

Mon souhait le plus chère, reste que tout un chacun, prendra conscience de l'importance primordiale des sciences mathématiques, et travaillera en conséquence à la base, afin d'arriver à ses objectifs.

2 Prologue

Dans ma série intitulé « les notions de bases en mathématiques », je vous présente ce petit fascicule scolaire, où toute mon attention a été focalisée vers un sujet clef des mathématiques, et que j'ai toujours considéré comme étant sa base et son pilier principal, ce n'est autre que la divisibilité.

Vu l'extrême importance de ce sujet, je l'ai entamé par la division simple et la divisibilité des entiers naturels, afin de faciliter la compréhension et l'assimilation, c'est à partir de cette simple opération, et seulement celle-là, Qu'on assimilera tout le sujet, et on n'aura aucune difficulté à comprendre et résoudre tout les exercices, jusqu'au palier supérieur, qui est l'université.

Table des matières

3 La division euclidienne

Application

- Si une personne distribue 10 bonbons entre deux (02) enfants, chacun obtient effectivement cinq 05 bonbons, et ne lui reste rien.

On peut dire que cette personne a divisé ses 10 bonbons par 2, ce qui lui donne (05) bonbons pour chacun, et ne lui reste rien, c'est à dire un zéro 0.

On effectue l'opération de la manière suivante :

$$
\begin{array}{c|c} 10 & 2 \\ \hline 0 & 5 \end{array}
\qquad
\begin{array}{c|c} D & d \\ \hline r & q \end{array}
$$

- Le nombre 10 s'appelle le **dividende D**
- Le chiffre 2 s'appelle le **diviseur d**
- Le chiffre **5** s'appelle le **quotient q**
- Le chiffre 0 s'appelle le **reste r**

Cette simple opération, s'appelle la division

3.1 Définition

La division euclidienne, c'est une opération arithmétique, qui consiste à diviser un nombre quelconque, le dividende, par un autre, **le diviseur**, et il en résulte un entier naturel, le quotient et un entier naturel, le reste.

On écrit : **D ÷ d = q** reste **r** ou D/d = q reste r on aura donc :

$$\boxed{\mathbf{D = (q \times d) + r}}$$

3.2 Exercices d'applications

- $1 \div 1 = 1$ reste $0 \leftrightarrow 1 = (1 \times 1) + 0$
- $2 \div 2 = 1$ reste $0 \leftrightarrow 2 = (2 \times 1) + 0$
- $3 \div 2 = 1$ reste $1 \leftrightarrow 3 = (1 \times 2) + 1$
- $4 \div 2 = 2$ reste $2 \leftrightarrow 4 = (2 \times 2) + 0$
- $5 \div 3 = 1$ reste $2 \leftrightarrow 5 = (1 \times 3) + 2$
- $7 \div 4 = 1$ reste $3 \leftrightarrow 7 = (1 \times 4) + 3$
- $8 \div 3 = 2$ reste $2 \leftrightarrow 8 = (2 \times 3) + 2$
- $9 \div 5 = 1$ reste $4 \leftrightarrow 9 = (1 \times 5) + 4$
- $10 \div 1 = 1$ reste $0 \leftrightarrow 10 = (10 \times 1) + 0$

- $10 \div 2 = 5$ reste $0 \leftrightarrow 2 = (5 \times 2) + 0$

Si on désigne par **a** le dividende, et **b** le diviseur, et **k** le quotient, r le reste, on aura :

$$\boxed{a = (k \times b) + r}$$

On remarque dans les exemples cités plus haut:

- Trois(03) opérations où le reste est à chaque fois un zéro, r = 0

- Trois opérations où le reste est à chaque fois un nombre **différent** de zéro **r ≠ 0**

On en déduit de ces opérations que :

- $1 \div 1 = 1$ reste **r = 0,** c'est à dire que **1** divise **1, ou 1** est un **diviseur de 10**

- $2 \div 2 = 1$ reste **r = 0,** dans ce cas **2** divise **2,** ou **2** est un **diviseur** de **2**

- $3 \div 2 = 1$ reste **r = 1,** ça veut dire que **2** divise pas **3,** ou **2** n'est pas un **diviseur** de **3**

- $4 \div 2 = 2$ reste **r = 0,** cela veut dire que **2** divise **4,** ou **2** est un **diviseur** de **4**

- $5 \div 2 = 2$ reste **r = 1,** on dit dans ce cas que, **2** ne divise pas **5,** ou **2** n'est pas un **diviseur** de **5**

- $6 \div 2 = 3$ reste **r = 0,** on dit dans ce cas que **2** divise **6,** ou **2** est un **diviseur** de **6**

- $7 \div 5 = 1$ reste **r = 2,** on dit dans ce cas que **5** ne divise pas **7,** ou **5** n'est pas un **diviseur** de **7**

- $8 \div 5 = 1$ reste **r = 3,** on dit que **5** ne divise pas **8,** ou **5** n'est pas un **diviseur** de **8**

- $9 \div 5 = 1$ reste **r = 4,** on dit que **5** ne divise pas **9,** ou **5** n'est pas un **diviseur** de **9**

- $10 \div 4 = 2$ reste **r = 2,** on dit que **4** ne divise pas **10,** ou **4** n'est pas un **diviseur** de **10**

De toutes ces applications en on déduit les théorèmes ci-après :

3.1.1 Théorèmes

1- théorème1

> Un nombre naturel **a** différent de zéro **a ≠ 0**, est divisible par un entier naturel **b**, si et seulement si, le reste de cette division est égal à zéro, **r = 0** avec **r, ∈ N***

2 - Théorème 2

> On dit que le nombre entier naturel **b**, est un diviseur du nombre entier naturel **a**, si et seulement si, on trouve un entier **k ≠ 0** vérifiant l'équation **a = (k×b) + r,** avec **r = 0**

Réciproquement :

3 - Théorème 3

Si on trouve un entier naturel **b**, est un nombre entier naturel **a,** et le nombre entier naturel **k ≠0,** et l'entier naturel **r** et vérifiant l'équation **a = (k×b) + r**, r = 0, avec **k ≠ 0**, on dit que b est un diviseur de **a**

4 les nombres pairs et impairs

4.1 Les nombres pairs

4.1.1 Définition

La parité, c'est le fait d'avoir des paires de deux par deux dans les divers cas.

❖ **Exemples d'applications**

Prenons comme exemple les dix (10) premiers chiffres qui sont :

1, 2, 3, 4, 5, 6, 7, 8, 9, 10, on remarque qu'il y a des chiffres pairs et des chiffres impairs, dans ce cas, on cherche les règles mathématiques qui les différencient les uns des autres, on trouve deux règles :

- si on prend 1, c'est l'unité, il ne représente que 1

Le chiffre **2** est composé de deux unités **1 et 1** ou **1 + 1,** c'est-à-dire deux **pairs** de **1,** autrement dit, il est **divisible** par **2,** car le **reste r = 0, 2 ÷ 1= 2, r = 0**

2 ÷ 2 = 1 reste 0, donc le chiffre **2**, est un nombre pair

Le chiffre **3** ne représente que le chiffre **3**, si on le divise par pairs de 2, on aura, 2 +1 ou 1 + 2, on trouve qu'une seule pair, et le reste c'est 1, **r = 1**. Il est **indivisible** par **2,** donc c'est un nombre **impair**

Le chiffre **4** est composé de deux chiffres **2 et 2 ou 2 + 2,** c'est-à-dire deux **pairs** de **2,** et d'autre part, il est **divisible** par **2,** car le **reste r = 0,**

4 ÷ 2 = 2, reste 0, donc le nombre 4, est un ombre pair

Le chiffre **5**, on peut l'écrire 4+1, ou 2 + 2 + 1, c'est-à-dire deux pairs de 2 **plus** 1, autrement dit, il est indivisible par **2**, car le reste est 1, r = 1 donc le nombre **5** est impair

Le chiffre 6, on peut l'écrire 4 + 2, ou 2 + 2 + 2, c'est-à-dire trois pairs de 2**,** autrement dit, il est divisible par 2, car le reste r = 0**, 6 ÷ 2 = 3, r = 0,** donc le chiffre **6** est nombre **pair**

Le chiffre 7, on peut l'écrire 6+1, ou 2 + 2 + 2+ 1, c'est-à-dire trois pairs de 2 **plus** 1, autrement dit, il est indivisible par 2, car le reste est 1, r = 1 donc le nombre **7** est impair.

Le chiffre 8, on peut l'écrire 4+4, ou (2 + 2) + (2 + 2), c'est-à-dire quatre pairs de 2**,** autrement dit, il est divisible par 2, car le reste r = 0**, 8 ÷ 2 = 4, r = 0** donc le chiffre **8** est un nombre **pair**

Le chiffre 9, on peut l'écrire 8 + 1, ou (2 + 2 + 2 + 2) +1, c'est-à-dire quatre pairs de 2 **plus** 1, autrement dit, il est indivisible par 2, car le reste est 1, r = 1 donc le nombre **9** est impair.

Le chiffre 10, on peut l'écrire 8 + 2, ou (2 + 2 + 2 + 2) + 2, c'est-à-dire cinq pairs de 2**,** autrement dit, il est divisible par 2, car le reste r = 0**, 10 ÷ 2 = 5, r=0** donc le chiffre **10** est un nombre **pair**

Remarque :

1- On remarque pour les nombre 2, 4, 6, 8, sont divisibles par **2** et le reste est zéro, r = 0, ce sont des nombres **pairs.**

2- Dans le cas des nombres 1, 5, 7, 9, ils sont indivisibles par **2** le reste est chaque fois 1, r = 1, se sont des nombres **impairs**

Généralisons :

Dans le premier cas, on effectue la division des entiers naturels 2, 4, 6, et 8 par 2, et on désigne par **k** l'entier naturel différent de zéro, $k \neq 0$ le quotient de cette même division, on remarque que le reste est à chaque fois égal à zéro, **r = 0.**

Si on désigne par (a), l'un des entiers naturels, on aura :

$2 \div 2 = 1$ reste 0 ; $4 \div 2 = 2$, r = 0 ; $6 \div 2 = 3$, r = 0 ; $8 \div 2 = 4$, r = 0

Si on désigne par $k \neq 0$, $k \in N^*$ on aura :

$a \div 2 = k$, $r = 0 \leftrightarrow a = 2k + 0 = 2k$

Dans le deuxième cas, si on désigne par k_1, k_2, k_3, k_4, les quotients de la division de 1, 3, 5, 7 on aura :

$1 \div 2 = k_1$, $r_1 = 1$; $3 \div 2 = k_2$, $r_2 = 1$; $5 \div 2 = k_3$, $r_{3} = 1$; $7 \div 2 = k_4$, $r_4 = 1$

On en déduit les théorèmes suivants :

Théorème 1

> On dit qu'un nombre entier naturel est **pair**, si et seulement si, on trouve un entier naturel $k \neq 0$, $k \in N^*$, qui vérifie **a = 2k, r = 0**

Théorème 2

> On dit qu'un nombre entier naturel est impair, si et seulement si, on trouve, un entier naturel qui vérifie
>
> **a = 2k + 1**, k et $r \in N$, **r = 1**

4.1.2 Exercice d'application

1- Trouvez l'ensemble **p** des nombres pairs et l'ensemble **pi** des nombres impairs **n**, qui vérifient **10 ≤ n ≤ 20**, et en déduire l'ensemble **D** de leurs diviseurs non communs

On fait l'union des deux ensembles, et on écrit :

(p) = {10, 12, 14, 16, 18, 20}

(pi) = {11, 13, 15, 17, 19}

(p) ∪ (pi) = {10, 11, 12, 12, 13, 14, 15, 16, 17, 18, 19, 20}

On divise chaque nombre par 2, on aura:

10 ÷ 2 = 5 reste r = 0 ↔ 10 = (5 × 2) +0, avec k = 5 qui vérifie : **10 = 2k**, donc 10 est nombre **pair**.

11 ÷ 2 = 5 reste 1 ↔10 = (5 × 2) + 1, avec k = 5 qui vérifie : **11 = 2k+1**, donc 11est nombre **impair**.

12 ÷ 2 = 6 reste r = 0 ↔ 10 = (6 × 2) + 0, avec **k = 6** qui vérifie : **12 = 2k**, donc 12 est nombre **pair**.

13 ÷ 2 = 6 reste r = 1 ↔ 13 = (6 × 2) + 1, avec **k = 6** qui vérifie : **13 = 2k+1**, donc 13 est un nombre **impair**.

14 ÷ 2 = 7 reste r = 0 ↔ 14 = (7 × 2) + 0, avec **k = 7** qui vérifie : **14 = 2k**, donc 14 est un nombre **pair**.

15 ÷ 2 = 7 reste r = 1 ↔ 15 = (7 × 2) + 1, avec **k = 7** qui vérifie : **15 = 2k+1**, donc 15 est un nombre **impair**.

16 ÷ 2 = 8 reste r = 0 ↔ 16 = (8 × 2) + 0, avec **k = 8** qui vérifie : **16 = 2k**, donc 16 est un nombre **pair**.

17 ÷ 2 = **8** reste r = 1 ↔ 17 = (8 × 2) + 1, avec **k = 8** qui vérifie : **17 = 2k+1**, donc 17 est un nombre **impair**.

18 ÷ **2** = **9** reste r = 0 ↔ 18 = (9 × 2) + 0, avec **k = 9** qui vérifie : **18 = 2k**, donc 18 est nombre **pair**.

19 ÷ 2 = 9 reste r = 1 ↔ 19 = (9 × 2) + 1, avec **k = 9** qui vérifie : **19 = 2k**, donc 19 est nombre **impair**.

20 ÷ 2 = 10 reste r = 0 ↔ 10 = (10 × 2) + 0, avec **k = 10** qui vérifie : **20 = 2k**, donc 20 est nombre pair.

on remarque que les ensembles (p) et (pi) sont :

p = {**10, 12, 14, 16, 18, 20**}

pi = {**11, 13, 15, 17, 19,**}

On a aussi :

10 = **2** × **5** les diviseurs **de 10** sont **: {1, 2, 5, 10}**

12 = **2** × **(6)** = **2** × **(2 × 3)** = **2 × 6**, **les diviseurs** de **12** sont {**1, 2, 3, 4, 6, 12**}

13 = **1** × **13**, les **diviseurs** de **13** sont {**1, 13**}

14 = 2 × 7, les **diviseurs** de **14** sont **{1, 2, 7, 14}**

15 = 1 × 15, les **diviseurs** de **15** sont **{1, 3, 5, 15}**

16 = 1× **2** × (**8**) = 2 × (2 ×**4**) =, les **diviseurs** de **16** sont : **{1, 2, 4, 8, 16}**

17 = 1 × 17, les **diviseurs de 17** sont **{1, 17}**

18 = **2** × (**9**) = **2**× (**3**× **3**) = 6 × 3, donc les **diviseurs** de **18** sont **{1, 2, 3, 6, 9, 18}**

19 = 1 × 19, les **diviseurs** de **19** sont **{1, 19}**

20 = 1× **2** × (**10**) = **2** × (**2** × **5**) = (**2** × **2**) ×**5** = **4** × **5**, les **diviseurs** de **20** sont **{1, 2, 4, 5, 10, 20}**.

On en déduit l'ensemble **D** de leurs diviseurs non communs **D** = **{1, 2, 3, 4, 5, 6, 7, 8, 9 10, 11, 12, 13, 14, 15, 16, 17, 18, 19, 20}**.

5 la divisibilité

La divisibilité inclue l'ensemble des entiers naturels différent de zéro, $N^* = \{1, 2, 3, 4, 5, 6, 7, 8, 9, 10....n\}$.

5.1 Définition

Si on divise un nombre entier naturel **a**, par un entier naturel **b**, et on obtient un reste r = 0, on dit dans ce cas que **b**, divise **a**.

Si on divise un nombre entier naturel **a**, par un entier naturel **b**, et on obtient le reste **r = α**, avec **α ≠ 0**, on dit dans ce cas, que l'entier **b**, ne divise pas **a**, ou l'entier **a** n'est pas un diviseur de **b**

Exemple 1

On divise **8** par **2**, on obtient **4**, et le reste est 0, **8 ÷ 2 = 4, r = 0**, dans ce cas, on dit que **2** divise **8**, ou **2** est un diviseur parmi l'ensemble des diviseurs de 8, qui sont **d = {1, 2, 4, 8}**

Exemple 2

1- Cherchons les **diviseurs** des entiers naturels de l'ensemble, $D_1 = \{2, 3, 4, 6,\}$.

On remarque que **2** divise les entiers naturels 2, 4, 6 et ne divise pas l'entiers naturel 3 car,

$2 ÷ 2 = 1$ reste **0**

$3 ÷ 2 = 1$ reste **1** ; $4 ÷ 2 = 2$ reste **0 ; 6 ÷ 2 = 3 reste 0.**

On remarque que **3** divise les entiers naturels 3, 6 et ne divise pas l'entiers naturel 4

$3 ÷ 3 = 1$ reste **0** ; $4 ÷ 3 = 1$ **reste 1** ; $6 ÷ 2 = 3$ reste **0**

On remarque que **4** divise 4, et ne divise pas 3 ; $3 ÷ 3 = 1$ reste **0** ; $4 ÷ 3 = 1$ **reste 1** ; $6 ÷ 2 = 3$ reste **0**

On remarque que **6** ne divise que l'entier naturel 6 ; $6 ÷ 6 = 1$ reste **0**

On en déduit l'ensemble d_1 des diviseurs de l'ensemble D :

$d_1 = \{3, 4, 6\}$

2- Cherchons les diviseurs non communs à l'ensemble, **D** = {2, 3, 4,5, 6,7, 8, 9, 10}.

On remarque que **2** divise 2, 4, 6, 8, et 10, et ne divise pas 3, 5, 7, 9

3 divise 3, 6, 9 et ne divise pas 4, 5, 7, 8, 9, 10

4 divise 4, 8 et ne divise pas 3, 5, 6, 7, 9, 10

5 divise 1, 5, et 10, et ne divise pas 2, 3, 4, 6, 7, 9

6 divise 6, et ne divise pas 3,4, 5, 7, 8, 9, 10

7 divise 1, 7 et ne divise pas 2, 3, 4, 5, 6, 5, 8, 9, 10

8 divise 1, 8 et ne divise pas 3, 5, 6, 7, 9

10 divise 1 et 10, et ne divise pas 3, 4, 6, 7, 8, 9

Si on désigne par d_2, l'ensemble des diviseurs non communs de l'ensemble **D,** on aura :

d_2 = {1, 2, 3, 4, 5, 6, 7, 8, 9, 10}.

Prenons le nombre **7** de cet ensemble, on remarque que les diviseurs de 7 sont les seuls **1**, et **7** et vérifiant 1< **7**

Car ils vérifient l'équation **a = (k × b) + r**, avec r = 0 ou **a = k × b** et cela implique que

7 = 1 × 7 + 0.

5.2 Exercice d'application

1- Trouvez séparément les sous-ensembles des diviseurs (d) des entiers naturels 4, 6, 8, et 10, puis en déduire l'ensemble **(D)** de leurs diviseurs communs.

Solution :

Si on désigne par D_1 le sous-ensemble des diviseurs de 4, on remarque qu'il est divisible par 1, 2 et 4 on aura donc :

$4 \div 1 = 4$, r = 0 ↔ **4 = (1 × 4)** + 0 ou **4 = 4 × d_1** avec d_1 = 1

$4 \div 2 = 2$, r = 0 ↔ **4 = (2 × 2)** + 0 ou **4 = 2 × d_2**, avec d_2 = 2

$4 \div 4 = 1$, r = 0 ↔ **4 = (4 × 1)** + 0 ou **4 = 4 × d_4**, avec d_4= 4

On aura donc le sous-ensemble des diviseurs de l'entier naturel 4, D_1 = {1, 2, 4}. Pour l'entier naturel 6 en remarque que:

$6 \div 1 = 6$, r = 0 ↔ **6 = (1 × 6)** + 0 ou **6 = 6 × d_1** avec d_1 = 1

$6 \div 2 = 3$, r = 0 ↔ **6 = (2 × 3)** + 0 ou **6 = 3 × d_2** avec d_2 = 2

$6 \div 3 = 2$, r = 0 ↔ **6 = (3 × 2)** + 0 ou **6 = 3 × d_3** avec d_3= 3

$6 \div 6 = 1$, r = 0 ↔ **6 = (6 × 1)** + 0 ou **6 = 6 × d_6** avec d_6= 6

Le sous-ensemble des diviseurs de l'entier naturel 6, est D_2 = {1. 2, 3, 6}. Pour l'entier naturel 8 en remarque que:

$8 \div 1 = 8$, r = 0 ↔ **8 = (1 × 8)** + 0 ou **8 = 8d_1** avec d_1 = 1

$8 \div 2 = 4$, r = 0 ↔ **8 = (2 × 4)** + 0 ou **4 = 2d_2** avec d_2 = 2

$8 \div 4 = 2$, r = 0 ↔ **8 = (4 × 2)** + 0 ou **4 = 4k** avec d_4 = 4

$8 \div 8 = 1$, r = 0 ↔ **8 = (8 × 1)** + 0 ou **4 = 4k** avec d_8 = 8

On obtient alors le sous-ensemble des diviseurs de l'entier naturel **8**, D_3= {1. 2, 4, 8}. Pour l'entier naturel 10 en remarque que:

$10 \div 1 = 10$, r = 0 ↔ **10 = (1 × 2)** + 0 ou **10 = 10 × d_1**, avec d_1= 1

$10 \div 2 = 5$, r = 0 ↔ 10 = **(2 × 5)** + 0 ou **10 = 5 × d_2**, avec d_2 = 2

$10 \div 5 = 2$, r = 0 ↔ 10 = **(5 × 2)** + 0 ou **10 = 2k**, avec d_8 = 5

$10 \div 10 = 1$, r = 0 ↔ 10 = **(10 × 1)** + 0 ou **10 = 10k**, avec d_{10} = 10 on aura donc **D_4** = {1. 2, 5, 10}.

2- on remarque que les diviseurs communs associés au sous-ensembles d_1, d_2, d_3, d_4 sont d_1, d_2, on en déduit alors l'ensemble D des diviseurs communs qui est D = {1, 2}.

6 les diviseurs et les multiples

6.1 Les diviseurs

Définition

On dit que l'entier naturel **b**, est **diviseur** de l'entier naturel **a**, si et seulement, le reste **r** de la division euclidienne de **a** par **b**, est égal à zéro, **r = 0,** ou **a**, est un **multiple** de **b.**

6.1.1 Le Diviseur non commun

On appelle un diviseur non commun de deux nombres entiers quelconques ou plus, l'entier naturel **n**, qui divise l'un, sans diviser l'autre.

6.1.2 Le Diviseur commun

On appelle un diviseur commun d'un sous-ensemble **E** d'entiers naturels, le nombre entier naturel **n,** qui divise simultanément le sous-ensemble des entiers naturels **E**

Exemple

Trouvez les diviseurs non communs et les diviseurs communs de l'ensemble n d'entiers naturels **E = {4, 6, 8}**

Solution

On écrit :

4 = 1 × 2 × 2

6 = 1 × 2 × 3

8 = 1 × 2 × 4 = 2 × 2 × 2

On remarque que :

1 divise simultanément **4, 6, 8**

2 divise 4, car 4 ÷ 2 = 2 reste 0

4 divise 4

On aura alors le sous - ensemble des diviseurs de **4**, $d_1 = \{1, 2, 4\}$

On remarque aussi que :

1 divise 6

2 divise 6

3 divise 6

6 divise 6

On aura donc, le sous-ensemble **d_2** des diviseurs de 6, $d_2 = \{1, 2, 3, 6\}$

Soit **d_3**, l'ensemble des diviseurs de 8.

On remarque aussi que :

1 **divise 8**

2 divise 8

3 ne divise pas 8 car le reste c'est 2, r = 2

4 divise 8

8 divise 8

On aura donc, le sous-ensemble d_3 des diviseurs de 8, d_3 = {1, 2, 4, 8}

On remarque d'une part, que **3** divise 6, et ne divise pas 4 et 8. D'autre part, **4** divise 4, et ne divise pas 6 et 8.

On remarque aussi, que **6** divise 6, et ne divise pas 4 et 8. D'autre part, 8 divise 8, et ne divise pas 4 et 6.

Et il en résulte que, l'ensemble des diviseurs non communs de E est D_0, on écrit :

D_0 = {3, 4, 6, 8}.

On déduit par la même l'ensemble D_C des diviseurs communs de E = {4, 6, 8}.

On écrit : D_C = {1, 2}

- Application 2

Soit le sous-ensemble N_1 des entiers naturels N_1 = {**12, 14, 24, 28, 42, 72, 56, 60, 70**}, trouvez l'ensemble des diviseurs non communs D_1 du sous-ensemble N_1, et en déduire les diviseurs communs de N_1

<u>Le nombre 12</u>

On commence par effectuer la division de **12** par **2**, on obtient **6** reste **0**, on écrit :

12 = 2 × 6 →1

Puis on effectue la division successive de la division euclidienne de 6 par 2, on obtient 3, est le reste est 0

6 = 2 × 3 → 2

On remplace le produit 2 × 3 en 1, on aura :

12= (2 × 2) × 3 = 4 × 3

On conclut que les diviseurs de 12 sont **: d =** {1, 2, 3, 4, 6, 12}

<u>Le nombre 14</u>

On effectue la division successive de la division euclidienne de **14** par **2**, on obtient 7, est le reste est **0**

14 = 1× 2 × 7 = 1 × 14

On conclut que les diviseurs de **14 sont : d =** {1, 2, 7, 14}

<u>Le nombre 24</u>

On effectue la division successive de la division euclidienne de 24 par 2, on obtient 12, reste 0, on écrit

$24 = 2 \times 12 \rightarrow 3$

Puis on divise 12 par 2, on obtient :

$12 = 2 \times 6 = 2 \times (2 \times 3)$

On remplace le produit 2×6 dans l'opération **3**, on aura :

$24 = 2 \times 2 \times 6 = 4 \times 6$

$6 = (2 \times 3)$

On conclu que les diviseurs de **24** sont **:** d = {1, 2, 3, 4, 6, 8, 12, 24}

Le nombre 28

Puis on effectue la division successive de la division euclidienne de **28** par **2**, on obtient **14**, reste **0**, puis :

$28 = 2 \times 14 \rightarrow 4$

Puis on divise 14 par 2, on obtient :

$14 = 2 \times 7$

On remplace le produit 2×7 dans l'opération 4, on aura :

$28 = 1 \times 2 \times (2 \times 7) = 2 \times 14 = (2 \times 2) \times 7 = 1 \times 4 \times 7 = 1 \times 28$

On conclue que les diviseurs de 28 sont : d = {1, 2, 4, 7, 14, 28}

Le nombre 42

On effectue la division successive de la division euclidienne de **42** par **2**, on obtient **21**, le reste **0**, on écrit :

$42 = 2 \times 21 \rightarrow 5$

Puis on divise 21 par 3, on obtient :

$21 = 3 \times 7$

Puis, On remplace 21 par son produit 3×7 dans l'opération 5, on aura :

$42 = 1 \times 2 \times (3 \times 7) = (2 \times 3) \times 7 = 6 \times 7$

On conclu que les diviseurs de **42** sont : d_2 = {1, 2, 3, 6, 7, 21, 42}

Le nombre 72

On effectue la division successive de la division euclidienne de 72 par 2, on obtient 36 et le reste est 0.

$72 = 2 \times 36 \rightarrow 6$

Puis on divise 36 par 2, on obtient :

$36 = 2 \times 18$

On remplace 36 par son produit 2×18 dans l'opération 6, on aura :

$72 = 2 \times (2 \times 18) \rightarrow 7$

On divise **18** par **2**, on obtient :

$18 = 2 \times 9$

On remplace 18 par son produit 2×9 dans l'opération 7, on aura :

$72 = 2 \times 2 \times (2 \times 9) = (2 \times 2 \times 2) \times 9 = 8 \times 9 \rightarrow 8$

Puis on divise 9 par 3 on obtient :

$9 = 3 \times 3$

Puis, On remplace **9** par son produit 3×3 dans l'opération **8**, on aura :

$72 = 1 \times [(2 \times 2) \times 2] \times 3 \times 3 = 1 \times (2 \times 3) \times (4 \times 3) = 6 \times 12 = 18 \times 4 = 24 \times 3 = 36 \times 2$

On conclut que les diviseurs de **72** sont : $d_3 = \{1, 2, 3, 4, 6, 8, 9, 12, 18, 24, 36, 72\}$

Le nombre 56

On effectue la division successive de la division euclidienne de **56** par **2**, on obtient **28** et le reste **0**.

$56 = 2 \times 28 \rightarrow 9$

Puis on divise 28 par 2 on obtient :

$28 = 2 \times 14 \rightarrow 10$

Puis on divise **14** par **2** on obtient :

$14 = 2 \times 7$

On remplace **14** par son produit 2×7 dans l'opération **10**, on aura :

$28 = 2 \times (2 \times 7)$

Puis, On remplace **28** par son produit $2 \times 2 \times 7$ dans l'opération **9**, on aura :

$56 = 1 \times 2 \times 2 \times 2 \times 7 = 4 \times 2 \times 7 = 4 \times 14 = 8 \times 7 = 28 \times 2$

On conclu que les diviseurs de 56 sont : $d_4 = \{1, 2, 4, 7, 8, 14, 28, 56\}$

Le nombre 60

On effectue la division successive de la division euclidienne de **60** par **2**, on obtient **30** et le reste **0**.

$60 = 2 \times 30 \rightarrow 11$

Puis on divise **30** par **2** on obtient :

$30 = 2 \times 15$

On remplace **30** par son produit 2×15 dans l'opération 11, on aura :

$60 = 2 \times (2 \times 15) \rightarrow 12$

Puis on divise **15** par **3**, puisqu'il n'est pas divisible par **2**, on obtient :

$15 = 3 \times 5$

Puis, On remplace **15** par son produit **3 × 5** dans l'opération **12**, on aura :

60 = 1 × (2 × 2) × (3 × 5) = 4 × 15 = 6 × 10

On conclu que les diviseurs de 56 sont : **d_4 =** {1, 2, 3, **4,** 5, 6, **10,** 15, **60**}

Le nombre 70

Puis effectue l'opération successive de la division euclidienne de **70** par **2**, on obtient **35** et le reste **0.**

70 = 2 × 35 → 13

Puis on divise **35** par **5** on obtient :

35 = 5 × 7

Puis, On remplace **35** par son produit **5 × 7** dans l'opération **13,** on aura :

70 = 1 × 2 × (5 × 7) = 10 × 7 = 2 × 35

On conclu que les **diviseurs** de **70** sont : **d_5 =** {1, 2, 5, 7, 10, 35, 70}.

De toutes es opérations, on en déduit que, l'ensemble des diviseurs non communs de **N_1** est :

D_0 = {1, 2, 3, 4, 5, 6, 7, 10, 14, 15, 28, 42}, et l'ensemble des diviseurs communs de **N_1** est :

D_c = {1, 2}.

6.2 Les multiples

On dit que l'entier naturel **a**, est un multiple de l'entier naturel **b**, si est seulement, le reste de la division euclidienne de **a** par **b** est égal à zéro

r = 0.

Applications:

1-   **4 = 2 × 2,** on dit que **4** est un **multiple** de **2**, ou **2** est un **diviseur** de **4**

6 = 2 × 3, on dit que **6** est un **multiple** de **3**, ou **3** est un **diviseur** de **6**.

On obtient l'ensemble des entiers naturels **multiples** de **2,** en multipliant celui-ci par successivement par 2, 3, 4, 5,…n, on obtient **M = {2, 6, 8, 10, 12, 14, 16, 18, 20, 22, 24, …..n}**

Trouvez les entiers naturels **n**, multiples de **3**, et inferieur à **20**, **n ≤ 20.**

On désigne par **m,** l'ensemble ces entiers naturels multiples de 3, on trouve : **m = {3, 6, 9, 12, 15, 18}.**

2-   trouvez l'ensemble M des entiers naturels n, multiples de **2**, vérifiant, **10 ≤ n ≤ 30**

Solution :

En remarque que **10**, est un multiple de **2**, car, **10 = 2 × 5**, et si on cherche les entiers naturels, multiples de **2**, compris entre **10** et **30**, on trouve : **M = {10, 12, 14, 16, 18, 20, 22, 24, 26, 28, 30}** tous des nombres pairs.

6.3 La divisibilité par 2, 3, 4, 5, 6, 7, 8, 9

6.3.1 La divisibilité par 2

- **Théorème 1**

Un entier naturel **a**, est divisible par **2**, si et seulement si, il est un nombre pair, ou son chiffre de l'unité est un chiffre pair, ou un zéro

Exemple : **4** c'est un chiffre pair, il est divisible par 2.

8 c'est un chiffre pair, il est divisible par 2

10 c'est un chiffre pair, son chiffre de **l'unité** est **zéro,** il est divisible par 2

16 son chiffre de l'**unité** est **pair,** et c'est un nombre pair, il est divisible par 2

6.3.2 La divisibilité par 3

- **Théorème 2**

Un entier naturel **a**, est divisible par **3**, si et seulement si, est un multiple de **3**, ou la somme de ses chiffres est un multiple de **3.**

Exemple :

6 est divisible par 3, car c'est un multiple de 3.

9 est **divisible** par **3,** car c'est un multiple de 3.

15 est **divisible** par **3,** car la somme de ses chiffres est, **1 + 5 = 6,** qui est un multiple de 3.

18 est **divisible** par **3,** car la somme de ses chiffres est **8 + 1 = 9,** et **9** est un multiple de 3.

21 est **divisible** par **3,** car la somme de ses chiffres est **2 + 1 = 3,** et **3** est divisible de 3.

6.3.3 La divisibilité par 4

- **Théorème 3**

Un entier naturel **a**, est divisible par **4,** si et seulement si, le nombre constituant ses unités et ses centaines, est divisible par **4** ou c'est un multiple de **4.**

104 est **divisible** par **4,** car **04** est **divisible** par **4**

116 est **divisible** par **4,** car **16** est **divisible** par **4,** et un **multiple** de **4**

124 est **divisible** par **4,** car **24** est **divisible** par **4,** et c'est un **multiple** de **4**

6.3.4 La divisibilité par 5

- **Théorème 4**

Un entier naturel **a**, est divisible par **5**, si et seulement si, son chiffre de l'**unité** est un **0**, ou **5**.

Exemple 2 :

10, est **divisible** par **5** car, son **unité** est **0**

35, est **divisible** par **5** car, son **unité** est **5**

80, est **divisible** par **5** car, son **unité** est **0**

125, est **divisible** par **5** car, son **unité** est **5**

6.3.5 La divisibilité par 6

- **Théorème 5**

Un entier naturel **a**, est divisible par **6**, si et seulement si, il est multiple de **6,** ou divisible simultanément par **2** et par **3**

Exemples:

18 est **divisible** par **6** car, **18** est **divisible** par **2,** et c'est un multiple de **3**, effectivement,

8 + 1 = 9 et 9 est **divisible par 3.**

24 est **divisible** par **6** car, **24** est **divisible** par **2** et par **3**

36 est **divisible** par **6** car, **36** est **divisible** par **2,** et c'est un **multiple** de **3**, effectivement,

3 + 6 = 9 et 9 est **divisible** par **3.**

72 est **divisible** par **6** car, **72** est **divisible** par **2,** et c'est un **multiple** de **3**, effectivement,

7 + 2 = 9 et 9 est **divisible** par **3.**

6.3.6 La divisibilité par 7

- **Théorème 5**

Un entier naturel **a**, est **divisible** par 7, si et seulement si, il est un **multiple** de 7

Exemple :

14 est **divisible par 7** car, c'est un **multiple** de 7

21 est **divisible par 7** car, c'est un **multiple** de 7

98 est **divisible par 7** car, c'est un **multiple** de 7

6.3.7 La divisibilité par 8

- **Théorème 5**

Un entier naturel **a**, est divisible par **8**, si et seulement si, il est multiple de **8**, ou s'il est divisible simultanément par **2** et par **4**.

Exemple :

24 est **divisible** par 8 car, 24 est **divisible** par **2**, et c'est un **multiple** de **4**, effectivement, **6 × 4 = 24.**

48 est **divisible** par 8 car, 48 est **divisible** par **2**, et c'est un **multiple** de **4**, effectivement, **12×4 = 48.**

6.3.8 La divisibilité par 9

Un entier naturel **a**, est divisible par **9**, si et seulement si, s'il est un multiple de **9**, ou la somme de ses chiffres est un multiple de **9**.

Exemple :

27, est **divisible** par 9, car, la somme de ses chiffres est, **2 + 7 = 9**, qui est **divisible** par 9.

45, est **divisible** par 9, car, la somme de ses chiffres est, **4 + 5 = 9**, qui est **divisible** par 9.

54, est **divisible** par 9, car, la somme de ses chiffres est, **5 + 4 = 9**, qui est **divisible** par 9.

72, est **divisible** par 9, car, la somme de ses chiffres est, **7 + 2 = 9**, qui est **divisible** par 9.

6.3.9 La divisibilité par 10

Un entier naturel **a**, est divisible par **10**, si et seulement si, il est un multiple de **10**, ou divisible simultanément par **2** et par **5**, ou son chiffre de l'unité est un zéro **0**.

20 est **divisible** par **5** car, son **unité** est 0, **et** il est **divisible** simultanément par 2 et par 5

30 est **divisible** par **5** car, son **unité** est 0, **et** il est **divisible** simultanément par 2 et par 5

70 est **divisible** par **5** car, son **unité** est 0, **et** il est **divisible** simultanément par 2 et par 5

Propriété :

Si un nombre entier naturel **a**, est divisible séparément par les entiers naturels **b** et **c**, il est divisible par leur produit, **b × c**.

Exemples :

8 est divisible par **2**

8 est divisible par **4**

Donc : 8 est **divisible** par **2 × 4.**

42 est **divisible** par **6**

 42 est **divisible** par **7**

Donc **:** **42** est **divisible** par **6 × 7.**

Réciproquement :

> Si un nombre entier naturel **a**, est divisible par le produit **b × c** des entiers naturels **b** et **c**, il est divisible séparément par, **b** et **c.**

42 est **divisible** par **42,** or **42 = 6 × 7,** donc :

42 est **divisible** par **6** et par **7**

6.4 Le plus grand commun diviseur (PGCD)

Exemple :

On désigne par E_0 l'ensemble des entiers naturels **n, E_0 = {2, 4, 6, 8, 10},** trouvez le **PGCD** de E_0.

Pour trouver le **PGCD** de E_0, on commence par diviser chaque nombre par **2**, en suivant la méthode suivante :

$2 = 2 \times 1$

$4 = 2 \times 2$

$6 = 2 \times 3$

$8 = 2 \times 4$

$10 = 2 \times 5$

Trouver le plus grand commun diviseur (**PGCD**), c'est chercher le plus grand entier naturel, qui divise simultanément, 2, 4, 6, 8, 10

On remarque que **2**, qui **divise** simultanément **2, 4, 6, 8, 10** est leur **PGCD.**

Donc le **PGCD = 2**

Trouver le plus grand commun diviseur (**PGCD)** de **15, 21, 24, 36.**

On écrit :

$15 = 3^1 \times 5$

$21 = 3^1 \times 7$

$24 = 2 \times 2 \times 2 \times 3 = 2^3 \times 3^1$

$36 = 2 \times 3 \times 2 \times 3 = 2^2 \times 3^2.$

On obtient **le PGCD = $2^2 \times 3^1$ = 4 × 3 = 12**

6.4.1 Théorème

On obtient le **PGCD** d'un ensemble d'entiers naturels, en effectuant le produit des facteurs communs de tous ses nombres incluant, les plus petits exposants.

6. 5 le plus petit commun multiple (PPCM)

Exemple :

On désigne par **E1** l'ensemble des entiers naturels **n, E_1 = {2, 4, 6, 8, 10}**, trouvez le **PPCM** de **E_1**.

Pour trouver le **PPCM** de E_1, on commence par diviser chaque nombre par division euclidienne par **2**, **3**, **5**, **7**, et en suivant la méthode suivante :

2 = 2 × 1

4 = 2 × 2 = 2^2

6 = 2 × 3

$8 = 2 \times 4 = 2 \times (2 \times 2) = 2^3$

$10 = 2 \times 5$

Trouver le plus petit commun multiple (**PPCM**), c'est chercher le plus petit entier naturel, qui divise simultanément, 2, 4, 6, 8, 10.

Le **PPCM** de ces nombres, c'est trouver leurs facteurs communs et non communs avec le plus grand exposant, et les mettre en produit, d'après la division successive précédente, on aura :
Le **PPCM** = 1×2^3× 3 × 5 = 8 × 15= **120**.

Trouver le plus petit commun multiple (**PPCM**) de **15, 21, 24, 36.**

On écrit :

$15 = 3 \times 5$

$21 = 3 \times 7$

$24 = 2 \times 2 \times 2 \times 3 = 2^3 \times 3$

$36 = 4 \times 9 = 2 \times 2 \times 3 \times 3 = 2^2 \times 3^2.$

Le **PPCM**, devra inclure les facteurs communs et non communs avec le plus grand exposant.

On aura donc : le **PPCM = 2^3× 3^2× 5 × 7** = (2× 2 × 2) × (3 × 3) × (5 × 7) = 8 × 9 × 35 = **2520**

PPCM = 2520.

Vérification :

2520, c'est le plus petit commun multiple de, 15, 21, 24, 36, cela veut dire que 2520, est le petit nombre commun divisible simultanément par 15, 21, 24, 36, parallèlement, le plus grand commun multiple (**PGCM**) ça sera : **PGCM = 15× 21 × 24× 36 = 272160 ; PGCM= 272160**

Remarque :

En arithmétique et algèbre, ainsi que l'analyse, on travail avec **le PPCM,** qui nous donne un nombre simplifié, alors que le **PGCM**, nous donne un grand nombre non simplifié, et tout les deux mènent au même résultat.

6.5.1 Théorème

On obtient le **PPCM** d'un ensemble d'entiers naturels, en faisant le produit des facteurs communs et non communs de tous ces nombres, et en incluant le plus grand exposant.

7 Exercice résolu

7.1 Exercice

Trouvez le **PGCD** et le **PPCM** de l'ensemble des entiers naturels N_0 = {**10, 15, 24, 27, 32, 57**}.

On désigne par D_c le **PGCD** de l'ensemble N_0, et on fait la division euclidienne par 2, 3, 5, 7 des nombres entiers naturels N_0

On écrit :

$10 = 1 \times 2 \times 5$

$15 = 1 \times 3 \times 5$

$24 = 1 \times 2 \times 12 = 2 \times 2 \times 6 = 2 \times 2 \times 2 \times 3 = 2^3 \times 3$

$27 = 1 \times 3 \times 9 = 3 \times 3 \times 3 = 3 \times 3 \times 3 = 3^3$

$32 = 1 \times 2 \times 16 = 2 \times 2 \times 8 = 2 \times 2 \times (2 \times 4) = 2 \times 2 \times (2 \times 2 \times 2) = 2^5$

$57 = 1 \times 3 \times 19.$

Le **PGCD**, qui est le produit des facteurs commun de l'ensemble N_0, en incluant le plus petit exposant. On remarque que 1, c'est l'unique diviseur de ces nombres, et qu'il n'y a aucun autre facteur commun entre eux, ce qui nous mène à dire que :

Le **PGCD = 1.**

Par contre, le **PPCM** inclus les facteurs communs et non communs, avec le plus grand exposant, on aura donc :

Le **PPCM**= $2^5 \times 3^3 \times 5 \times 19 = 82080.$

8 Index

8.1 Les symboles mathématiques

symboles	signification	exemples
=	égale	$2 = 2$
≠	différend de	$3 \neq 2$
>	supérieur a	$2 > 1$
<	inférieur a	$2 < 3$
≤	inférieur ou égale	$n \leq 10$
≥	supérieur ou égale	$n \geq 12$
∈	appartient à	$2 \in \{1, 5, 2, 4, 6\}$
∪	union d'ensembles	$\{1, 5, 2, 4\} \cup \{2, 7, 2, 4\}$
N	ensembles des entiers naturels incluant le zéro	
N*	ensembles des entiers naturels excluant le zéro	$N = \{0, 1, 2, 3, 4, 5, \ldots n\}$ $N^* = \{1, 2, 3, 4, 5, \ldots n\}$